MITTEILUNGEN
AUS DER
CHEMISCH-TECHNISCHEN VERSUCHSSTATION

VON DR. HERMANN PASSOW
IN BLANKENESE.

ZWEITES HEFT.

1. Die Schwebeanalyse in der Praxis. Von Dr. H. Passow und Assistent Dr. B. Koch.
2. Beiträge zur Kenntnis der nichtgranulierten hochbasischen Schlacken. Von Dr. Rudolf Benzian. Mit acht Figuren.
3. Mein Verfahren zur Prüfung basischer Hochofenschlacken. Von Dr. H. Passow. Mit einer Figur.

LEIPZIG
VERLAG VON VEIT & COMP.
1905

Die Schwebeanalyse in der Praxis.

Von Dr. **H. Passow** und Dr. **B. Koch**, Assistent der Versuchsstation.

Die Schwebeanalyse, die schon seit längerer Zeit in der Petrographie zur Trennung von Mineralgemengen angewandt worden war, ist von Hauenschild im Jahre 1895 in die Portlandzementindustrie eingeführt. Hauenschild glaubte durch sie ein Mittel gefunden zu haben, das „einwandfrei" gestattete, quantitativ Portlandzement von Hochofenschlacke zu trennen. Es liegt auf der Hand, daß es für Praxis und Theorie sehr wertvoll sein würde, ein zu diesem Zwecke geeignetes zuverlässiges Mittel zu besitzen. Aber leider entspricht die Hauenschildsche Schwebeanalyse den an sie geknüpften Erwartungen nicht und infolgedessen wird sie wohl nirgends mehr in ihrer ursprünglichen Form benutzt.

Auch durch die im Laufe der Zeit verbesserte Schwebeanalyse haben wir bis jetzt noch keine Methode erhalten, die uns befähigt, den in einem Portlandzement befindlichen Prozentsatz von Hochofenschlacke in allen Fällen genau zu bestimmen. Gerade bei den Untersuchungen, die für die Fabrikanten von Eisenportlandzement von ausschlagender Wichtigkeit sind, führt nicht nur die unverbesserte, sondern auch die verbesserte Schwebeanalyse selbst bei ihrer exaktesten Handhabung häufig zu trügerischen Schlüssen. Sie ist daher als Prüfungsmittel für Handelswaren sehr bedenklich. Bei rein theoretischen Untersuchungen leistet sie dagegen häufig gute Dienste.

Der Zweck unserer Arbeit ist, darzutun, unter welchen Bedingungen die Schwebeanalyse den an sie gestellten Anforderungen entspricht, oder ob sie ein für allemal als Prüfungsmittel auszuschließen ist.

Die Hauenschildsche Methode, die in der Tonindustrie-Zeitung Nr. 43, 1902 eingehend beschrieben ist, besteht darin, daß man ein absolut trockenes Gemisch von Hochofenschlacke und Portlandzement mit Methylenjodid behandelt. Das Methylenjodid, das ein spez. Gewicht von 3,2 hat, wird derart mit Benzol verdünnt, daß sein spez. Gewicht, zwischen dem Gewicht des Portlandzementes und der Hochofenschlacke liegt. Der Portlandzement sinkt infolge seiner Schwere unter. Die Hochofenschlacke schwimmt oben auf. Solange bei dieser Methode die zu schwebende Substanz eine gewisse Feinheit der Mahlung nicht überschreitet, führt die Methode zu richtigen Resultaten. In früherer Zeit wurde im allgemeinen nicht so fein gemahlen wie jetzt. Gerade die Eisenportlandzemente, die wegen ihres Hochofenschlackenzusatzes bei Schwebeanalysen vornehmlich in Frage kommen, pflegen außerordentlich fein gemahlen zu werden. Bei diesen versagt daher dieses Prüfungsmittel häufig, da sich die sehr feinen schweren und leichteren Teile derart miteinander verfilzen, daß eine quantitative Trennung unmöglich wird.

Im Laufe der Zeit hat es nun nicht an Versuchen gefehlt, die die Schwebeanalyse verbessern sollten. Man hat namentlich darauf hingewirkt, das Verfilzen zu verhindern. Die auf diese Art verbesserte Schwebeanalyse arbeitet in folgender Weise:

Das Gemisch aus Hochofenschlacke und Portlandzement wird zunächst auf einem Siebe von 900 bezw. 5000 Maschen pro qcm abgesiebt. Das durchgegangene Mehl wird dann weiter auf einem Siebe von 10000 Maschen pro qcm gesiebt und der darauf verbleibende Rückstand von dem noch anhaftenden Staube durch Schlämmen mit Alkohol und Äther, sowie von den Eisenteilen durch Behandlung mit dem Magneten gereinigt. Diese Griese, mit denen es sich selbstverständlich sehr leicht arbeiten läßt, werden mit Methylenjodid von verschiedenem spez. Gewicht in leichtere und schwerere Anteile getrennt. Diese werden dann beide nochmals mit Methylenjodidlösung von verschiedenem spez. Gewicht behandelt, um sie von anhaftenden schweren und leichten Teilen zu reinigen. Allgemein gültige Regeln für die Wahl des spez. Gewichtes der Scheideflüssigkeiten lassen sich nicht aufstellen. Gewöhnlich soll für die Absonderung des Klinkers eine

Flüssigkeit vom spez. Gewicht 3,04—3,10 und für die Absonderung der Schlacken eine solche vom spez. Gewicht 2,90—2,96 genügen.

Es wird sodann, sowohl in dem zu untersuchenden Gemisch von Portlandzement und Hochofenschlacke, als auch in den leichten und den schweren Anteilen der Sulfidschwefel quantitativ bestimmt, da dieser nach den bisher gemachten Erfahrungen allein ausschlaggebend ist.

Es liegt auf der Hand, daß man auf diese Weise mit Leichtigkeit Portlandzement und Hochofenschlacke würde trennen können, wenn beide Substanzen ein sich immer gleichendes, konstantes Gewicht hätten; denn dann würde der Portlandzement bei jeder Prüfung untersinken und die Hochofenschlacke infolge ihrer größeren Leichtigkeit stets obenauf schwimmen. Arbeitet man mit gut gebranntem frischen Klinker und einer reinglasigen oder einer rein entglasten Hochofenschlacke, so wird wohl unter allen Umständen die Schwebeanalyse zu einwandfreien Resultaten führen, ein Umstand, der offenbar die Veranlassung war, sie in dieser Form in die Praxis einzuführen. Da aber das spez. Gewicht des Portlandzementes beim Lagern so sehr abnimmt, daß es dem Gewichte der Hochofenschlacke gleichkommt, so ist die Schwebeanalyse in bezug auf abgelagerten Portlandzement unbrauchbar. Auch werden stets mehr oder weniger große Fehler eintreten, wenn verschiedene Schlackenmodifikationen oder gar verschiedene Schlacken verschiedener Hochöfen von verschiedenem spez. Gewicht und verschiedenem Sulfidschwefelgehalt in Anwendung kommen.

Die Ausrechnung der Methode der verbesserten Schwebeanalyse kann nach folgender Formel geschehen:

$$S_1x + S_2y = S_3 \cdot (x + y)$$
$$x + y = 100,$$

wobei S_1 der Gehalt an Schwefel in den leichteren Anteilen, S_2 der Gehalt an Schwefel in den schwereren Anteilen und S_3 der Schwefelgehalt der ursprünglichen Substanz ist. Es leuchtet ohne weiteres ein, daß wenn S_1 zu gering gefunden wird, das Endresultat ein viel zu hohes werden muß. Die Fehlerquellen, die hierdurch entstehen, können außerordentlich groß sein, wie aus folgendem Beispiel hervorgeht. Mischt man eine Schlacke vom spez. Gewicht von 2,98 mit einem Handelsportlandzement vom spez. Gewicht 3,1 in einem Verhältnis von 30 Teilen Schlacke und 70 Teilen Portlandzement, so lautet die oben angeführte Gleichung: $2{,}0\,x + 0{,}0\,y = 0{,}6\,(x + y)$, wenn die Schlacke 2,0 % S, der Zement hingegen keinen Sulfidschwefel enthält. Das Gemisch muß demnach 0,6 % Sulfidschwefel enthalten. Beträgt die in den leichteren Anteilen gefundene Menge des Sulfidschwefels 2,0 %, so berechnet sich selbstverständlich der Gehalt an Schlacke auf 30 %. Ist das spez. Gewicht des in Frage kommenden Zementklinkermehles durch Ablagerung so gering geworden, daß mehr oder minder große Teile desselben dem spez. Gewicht der Hochofenschlacke gleichkommen oder sogar noch tiefer gesunken sind, so muß der Sulfidschwefelgehalt von S_1 zu gering gefunden werden. Es entsteht dadurch ein Fehler, der wie aus der nachfolgenden Zusammenstellung hervorgeht, mehr oder minder groß ist. Findet man $S_1 = 1{,}9$, so erhält man 31 % zugesetzte Hochofenschlacke, 1,8—33, 1,7—35,3, 1,6—37,5, 1,5—40,0, 1,4—42,8, 1,3—46,1, 1,2—50,0.

Dieser Fehler kann selbstverständlich auch bei der Prüfung von Portlandzementen eintreten, die nicht aus Hochofenschlacke und Kalkstein, sondern aus natürlichem Rohmaterial erbrannt sind, denn diese verändern ebenso wie die aus Hochofenschlacke und Kalkstein erbrannten Zemente durch Aufnahme von Wasser und Kohlensäure aus der Luft ihr spez. Gewicht beim Lagern in beträchtlicher Weise. Auch enthalten manche Handelswaren bedeutende Mengen von Leichtbrand, der oft sogar noch unter das Gewicht der Schlacke heruntergehen kann. Bei Anwendung der verbesserten Schwebeanalyse analysiert man nun allerdings die leichteren und schwereren Bestandteile und findet selbstverständlich, daß die Teile, die schwerer sind als 3,1, der Portlandzementzusammensetzung entsprechen und daß die Teile, die leichter sind als 2,98, die Zusammensetzung normaler Schlacken haben; es kann aber beispielsweise eine zur Fabrikation von Eisenportlandzement durchaus geeignete Schlacke nur einen Kalkgehalt von 40 % haben. Wird eine derartige Schlacke der

Schwebeanalyse unterworfen und nimmt sie 25 % leichtere Bestandteile aus dem Portlandzement auf, so berechnet sich, wenn zum Vermischen ein Portlandzement von 60 % CaO-Gehalt verwendet wurde, der Kalkgehalt der analysierten leichteren Teile auf 45 % CaO, es entspricht dies genau einer ebenfalls zur Fabrikation von Eisenportlandzement geeigneten Schlacke.

Es wurde z. B. ein nach dem Schlämmverfahren hergestellter Handelszement aus einer mit Kreide und Ton arbeitenden Portlandzementfabrik-Marke B. mit 30 % Hochofenschlacke des Hochofenwerkes C. versetzt. Das spez. Gewicht des Portlandzementes betrug 3,118, das der Schlacke 2,908. Der Sulfidschwefelgehalt der Schlacke belief sich auf 2,4 %, der des Portlandzementes belief sich auf 0,44 %. Da diese Menge Schwefel bei einem nicht mit Hochofenschlacke versetzten Portlandzement auffällig erschien, so wurde bei der betreffenden Fabrik Nachfrage gehalten und es stellte sich heraus, daß diese eine stark schwefelhaltige Kohle zum Erbrennen des Klinkers benutzt. Ein Zusatz von Hochofenschlacke war ausgeschlossen, denn erstens gehört die Fabrik dem Verein deutscher Portlandzementfabrikanten an und zweitens ist kein Hochofen in der Nähe, aus der sie Hochofenschlacke beziehen könnte. Drittens wurde durch die mikroskopische Untersuchung bewiesen, daß keine Schlackenbestandteile im Zement waren.

Wir stellten nun aus der oben angegebenen Mischung, genau nach der Vorschrift der verbesserten Schwebeanalyse, den Gries dar. Derselbe hatte ein spez. Gewicht von 3,108. Um zu konstatieren, daß sich der Sulfidschwefelgehalt des Grieses mit dem der ursprünglichen Mischung deckte, wurde der Sulfidschwefelgehalt derselben bestimmt. Er betrug 1,03 %, während das Gemisch 1,02 % S nach der Analyse enthielt. Der durch Berechnung gefundene Wert ist 1,03 %. Es wurde nun das Gemisch zunächst mit einer Schwebeflüssigkeit vom spez. Gewicht 3,0 getrennt. Die Bestandteile, die leichter waren als 3,0, wurden nochmals einer Trennung durch eine Lösung vom spez. Gewicht 2,97 unterworfen. Die schwereren einer Trennung mittels einer Lösung vom spez. Gewicht 3,11. Sowohl in den leichteren als in den schwereren Anteilen wurde der Sulfidschwefel bestimmt;

es stellten sich für S_1 und S_2 die Werte 1,29 und 0,22 heraus. Hieraus berechnet sich nach obiger Gleichung ein Zusatz von 75 % Hochofenschlacke, während in der Tat nur 30 % zugesetzt waren.

Die Analyse der einzelnen Bestandteile ergab folgende Zahlenwerte:

	In den Anteilen leichter als 2,97	In den Anteilen schwerer als 3,11	Im ursprünglichen Zement
Kieselsäure .	27,53 %	21,91 %	24,51 %
Kalk	47,60 „	61,18 „	58,60 „
Sulfidschwefel	1,29 „	0,22 „	1,03 „

Aus diesen Zahlen ist ersichtlich, daß die Teile leichter als 2,97 im wesentlichen aus Hochofenschlacke, die schwereren Teile aus Portlandzement und der ursprüngliche Zement aus einem Gemisch von beiden besteht. Der Grund für das in diesem Falle totale Versagen der Schwebeanalyse ist aus dem oben angeführten ersichtlich; der angewandte Zement enthielt sehr viele Bestandteile, die leichter waren als 2,97. Die Menge der leichter als 2,97 gefundenen Anteile betrug in reinem Portlandzement 9—10 %. Diese leichteren Anteile wurden mikroskopisch untersucht; es stellte sich heraus, daß dieselben fast ausschließlich aus Alit, der an den Rändern und an seiner Oberfläche zersetzt war, bestanden. Geringe Mengen von Gips und Sand konnten ebenfalls erkannt werden.

Es könnte nun hier der Einwand gemacht werden, daß es besser gewesen wäre, das spez. Gewicht der Scheideflüssigkeit tiefer zu wählen, weil dann die Trennung von Schlacke und Zement quantitativ von statten gegangen wäre. Hierauf ist zu erwidern, daß man bei im Handel vorkommenden Gemischen niemals die spezifischen Gewichte der einzelnen Komponenten kennt, sondern die Wahl des spez. Gewichtes der Schwebeflüssigkeiten sich lediglich nach dem spez. Gewicht der Griese und des zu schwebenden Zementes zu richten hat. In diesem Falle lag nun nicht die geringste Veranlassung vor, eine noch weiter gehende Trennung der Griese vorzunehmen, zumal da die analytische Zusammensetzung der leichteren und der schwereren Anteile sich mit der Zusammensetzung einer normalen Schlacke und eines Portlandzementes deckt. Trotzdem würde man, auch wenn man mit leichterer Flüssigkeit nochmals geschwebt hätte, kaum zu einem fehlerfreien Resultat gekommen sein, da der angewandte Portlandzement beim Schweben mit einer Flüssigkeit vom spez. Gewicht 2,89 immer noch 6—8 % leichtere Anteile enthielt. In welcher Weise das Ablagern auf das spez. Gewicht des betreffenden Zementes eingewirkt hat, ist daraus ersichtlich, daß der Zement, der beim Beginn der Schwebeanalyse beim Schweben mit Methylenjodidlösung vom spez. Gewicht 2,97 nur 9—10 % leichtere Anteile enthielt, nach ungefähr zweimonatlichem Lagern beim Schweben mit Methylenjodid vom spez. Gewicht 2,945 deren schon 12—14 % hatte; während die frische Handelsware der betreffenden Fabrik bloß 4—5 % leichtere Anteile beim Schweben mit einer Lösung vom spez. Gewicht 2,945 hat.

Die Wahl des stark abgelagerten Zementes zur Herstellung von Eisenportlandzement bedingte in diesem Falle von vornherein ein Versagen der Schwebeanalyse. Derartige Fälle kommen in der Praxis sehr häufig vor. Wird z. B. nach Monaten eine Reklamation erhoben und ein gerichtliches Gutachten eingefordert, so kann dies sehr leicht zu einem falschen Urteil führen.

Daß aber auch in anderen Fällen die Schwebeanalyse versagt, wird durch folgendes Beispiel bewiesen: Am 7. Mai 1904 wurde in unserer Versuchsstation eine Mischung hergestellt aus 4860 g Portlandzement, 960 g einer leichteren und 180 g einer schweren Schlacke.

Gewählt wurde ein Portlandzement, der einer dem Verein deutscher Portlandzementfabrikanten angehörenden Fabrik entstammte und nur Spuren von Sulfidschwefel enthielt. Die beiden Schlacken sind zur Fabrikation von Eisenportlandzement gut verwendbar. Der Zusatz an Schlacke betrug nach obigem 19 %. Diese Mischung wurde an eine namhafte Versuchsanstalt geschickt, welche uns die Antwort erteilte, die Mischung enthalte 26—28 % Schlacke. Dieses unrichtige Resultat ist ohne weiteres erklärlich, denn die beiden Schlacken hatten ein verschiedenes spez. Gewicht und einen verschiedenen Sulfidschwefelgehalt. Die eine Schlacke hatte ein geringeres spez. Gewicht als 2,98, die andere dagegen ein höheres. Die betreffende Versuchsanstalt hatte, da sie mit Flüssigkeiten vom spez. Gewicht 2,98 und 3,15 geschwebt hatte, den Sulfidschwefelgehalt der leichteren Schlacke richtig gefunden, die schwerere Schlacke dagegen völlig übersehen. Da aber der beträchtliche Sulfidschwefelgehalt der letzteren bei dem Gesamtprodukt in Rechnung gestellt wurde, so mußte der große Fehler von 7—9 % entstehen, trotzdem nur 3 % der schwereren Schlacke der Mischung zugesetzt waren. Man sieht hieraus, daß durch geringe Versehen große Fehlerquellen entstehen können. Zieht man nun aus diesem Prüfungsresultate einen Schluß auf die Praxis, so erkennt man, daß die Schwebeanalyse vorläufig auch in ihrer verbesserten Form nicht zur Prüfung von Handelswaren geeignet ist.

Man kann den Eisen-Portlandzementfabrikanten niemals die Wahl ihrer Rohmaterialien vorschreiben, sie haben die Berechtigung, von verschiedenen Hochöfen ihre Schlacken zu beziehen.

Aber nicht nur die spez. Gewichte und der Sulfidschwefelgehalt der Schlacken verschiedener Hochöfen, sondern auch der Sulfidschwefelgehalt und das spez. Gewicht der Schlacken des nämlichen Hochofens kann, unbeschadet des aus ihm hergestellten Zementes, je nach der Granulation und der Trocknung wechseln.

Nicht nur aus den beiden oben angeführten Beispielen, wobei die zu prüfende Substanz durch Mischen im Laboratorium hergestellt wurde, sondern auch bei der Untersuchung von Handelswaren hat die Schwebeanalyse völlig versagt. Ein Werk, das nach seinen Büchern seinen Portlandzement mit ca. 11 % Schlacke versetzt hatte, erfuhr zu seinem Erstaunen, daß eine Versuchsanstalt durch die geschilderte Schwebeanalyse seine Ware untersucht und in derselben 32 % Schlacke gefunden hatte.

Ein anderes Eisen-Portlandzementwerk wurde infolge einer Schwebeanalyse schwer geschädigt. Die Prüfung des Zementes ergab nämlich 42 % zugesetzte Schlacke, obgleich der Vorschrift des Vereins deutscher Eisenportlandzementwerke gemäß nur 30 % zugesetzt waren. Der Konsument, der bis dahin mit dem Fabrikate auf das beste zufrieden gewesen war, entzog ihm die Lieferung auf Grund jenes Gutachtens. Es ist begreiflich, daß dieses Werk einen lebhaften Protest gegen die Zuverlässigkeit der Schwebeanalyse erhob. Es erhielt darauf die Antwort, eine nachträgliche Untersuchung habe die Gründe, die jene Ungenauigkeit der Resultate bewirkt habe, ergeben. Es hat sich herausgestellt, daß die zur Herstellung des Zementes verwendeten Klinker nicht genügend gebrannt worden seien und daher Schlacke im unverändeten Zustand, d. h. „freie Schlacke" enthalten hätten.

Diese Behauptung war unrichtig. Es ist selbstverständlich möglich, daß bei einem verunglückten Brande auch bei der Fabrikation von Klinkern aus Hochofenschlacke und Kalkstein Leichtbrand erhalten wird. Dieser Leichtbrand wird aber auf das sorgfältigste ausgelesen und spielt bei der Herstellung von Eisenportlandzement lange nicht die mißliche Rolle wie bei der Fabrikation des gewöhnlichen Portlandzementes. Alle aus Hochofenschlacke und Kalkstein hergestellten Rohmehle sintern ausnahmslos leichter, wie die aus natürlichen Materialien (Kalkstein und Ton) hergestellten Rohmehle. Schon aus diesem Grunde ist eine Überhandnahme des Leichtbrandes bei der Fabrikation von Eisenportlandzement nicht zu befürchten. Das in Frage kommende Eisenportlandzementwerk erbrennt ganz besonders gute Klinker, da sein Rohmaterial außerordentlich leicht sintert. Bei unseren mikroskopischen Untersuchungen konnten wir keine unveränderte Schlacke in den betreffenden Klinkern entdecken, selbst wenn diese durch längeres Lagern stark zerfallen waren. Selbstverständlich kann das spez. Gewicht des Eisenportlandzementklinkers ebenso wie das des gewöhnlichen Portlandzementklinkers sehr wechseln. Es gibt gute Eisenportlandzementklinker, die nach längerem Lagern größere Anteile enthalten, welche nur ein spez. Gewicht von 2,98 und darunter haben, in diesem Falle wird selbstverständlich die Schwebeanalyse viel zu hohe Resultate ergeben.

Zum Schluß bemerken wir, daß wir mit unserem Urteil über die Schwebeanalyse nicht allein stehen. Von fünf verschiedenen chemisch-technischen Laboratorien erhielten wir auf die Anfrage, ob sie geneigt sein würden, Trennung von Hochofenschlacke und Portlandzement auszuführen, entweder direkt ablehnende Antworten oder die Mitteilung, daß sie die Arbeit zwar ausführen wollten, jedoch für absolute Genauigkeit der Resultate der Schwebeanalyse keine Gewähr leisten könnten.

Beiträge zur Kenntnis der nichtgranulierten hochbasischen Schlacken.

Von Dr. Rudolf Benzian.

Alle basischen Hochofenschlacken lassen sich durch Einleiten der feuerflüssigen Masse in kaltes Wasser in einen scharfkörnigen Sand überführen. der hohe hydraulische Eigenschaften hat. Läßt man aber die nämlichen Schlacken an der Luft langsam erkalten, so entstehen „nichthydraulische" Produkte, die auch äußerlich trotz gleicher elementarer chemischer Zusammensetzung von dem erwähnten Sande völlig verschieden sind. — Diese wichtige Erscheinung der Erzielung durchaus verschiedener Ergebnisse durch eine verschiedenartige Behandlung der glühenden Schlacken ist von mehreren Forschern zu erklären versucht worden. Nach Zulkowsky beruht die Inaktivität der nicht durch kaltes Wasser abgekühlten, also ungranulierten Schlacken, — von denen er nur eine Modifikation, nämlich die Zerrieselten berücksichtigt, — auf der Dimorphie des Bicalciumsilikates. — Im Schlackensande, das heißt also in der hydraulischen Modifikation, soll sich nach ihm die aktive Metamodifikation, in den zerrieselten unhydraulischen Produkten dagegen die inaktive Orthoform, die durch ihr Kristallisationsbestreben den Zerfall bewirkt, befinden.

Ich habe nun an der Hand des reichen, in der Sammlung der chemisch-technischen Versuchsstation von Dr. H. Passow, Blankenese, vorhandenen Materials eingehend die nichtgranulierten Hochofenschlacken untersucht. Da diesen Schlacken die für die Zementfabrikation erforderliche Hydraulizität mangelt, so haben meine Untersuchungen einstweilen keinen direkten Wert für die

Praxis aufzuweisen. Aber nichtsdestoweniger ist es zur Aufklärung der betreffenden Erscheinungen wichtig, auch diejenigen Vorgänge zu beleuchten, die den Eintritt der Hydraulizität verhindern oder zerstören.

Ich habe nun an erster Stelle meine Aufmerksamkeit den Fragen zugewandt: Kommt das Calciumorthosilikat in den nichtgranulierten Schlacken vor und welche Vorstellungen können wir uns über den Aufbau der nichtgranulierten Schlacken machen?

Die folgende Tabelle enthält die Zusammenstellung der analytischen Zusammensetzung einer Anzahl Schlacken:

Marke	Stückschlacken					Hüttenmehle			
	I	II	III	IV	V	VI	VII	VIII	IX
SiO_2	25,44	26,49	30,03	31,58	31,66	33,68	32,44	33,50	36,38
$Al_2O_3 + F_2O_3$.	20,50	20,90	16,30	15,25	14,95	13,10	12,35	12,52	8,83
CaO	35,52	40,74	37,03	43,78	38,95	44,21	44,39	48,42	49,72
MgO	8,38	4,51	5,90	3,76	7,97	3,36	2,45	2,28	0,96
CaS	7,50	5,87	11,90	6,04	3,51	3,52	2,54	3,72	3,49
$CaSO_4$	—	1,95	—	—	1,06	1,33	0,46	—	0,60
Sättigungsgrad.	1,71	1,65	1,29	1,26	1,27	1,13	1,11	1,16	0,96
Alkalinitätskoeffizient .	1,66	1,66	1,69	1,86	1,94	2,03	2,15	2,25	3,09

Es hat sich gezeigt, daß die Schlacken mit verhältnismäßig hohem Kieselsäuregehalt 33 % und darüber, hohem Kalkgehalt 44 % und darüber, niedrigem Tonerdegehalt 13 % und darunter zerrieseln, also Hüttenmehle bilden, während die hochbasischen Schlacken gleichen Sättigungsgrades, die mehr Tonerde und weniger Kieselsäure und Kalk enthalten, zu Stückschlacken erstarren. Von den in der obigen Tabelle angeführten Produkten sind Nr. VI—IX zerrieselt, also Hüttenmehle, während I—V basaltähnliche Gesteine darstellen und als Stückschlacken zu bezeichnen sind.

Da der Sättigungsgrad[1] die Tonerde als Base in Rechnung

---

[1] Unter Sättigungsgrad versteht man das Verhältnis von

$$\frac{MCaO + MMgO + 3\,MAl_2O_3}{2\,MSiO_2}$$

M = Prozentzahl dividiert durch Molekulargewicht.

stellt, so erscheinen fast immer kalkreiche Schlacken von geringem Tonerdegehalt tiefbasischer als tiefkalkige mit hohem Tonerdegehalt. Meines Erachtens nach wirkt bei den hochbasischen Schlacken aber, wie auch Zulkowsky annimmt, die Tonerde als Säure. Ich habe nun eine Zahl, die es ermöglicht die Schlacken in diesem Sinne einzuordnen, gefunden und bezeichne sie als Alkalinitätskoeffizienten. Sie wird erhalten nach der Formel

$$K = \frac{MCaO + MMgO}{\frac{2\,MSiO_2}{3\,M \cdot Al_2O_3}}.$$

Das K dieser Formel bedeutet den Alkalinitätskoeffizienten; MCaO, $2\,MSiO_2$, $3\,MAl_2O_3$ die Molekularzahlen, erhalten durch Division der entsprechenden Molekulargewichte in die durch die Analyse gefundenen Prozentzahlen. Die Grenze zwischen Stückschlacken und Hüttenmehlen liegt demgemäß bei $K = 2$. Ist $K > 2$ so handelt es sich um Hüttenmehle, ist $K < 2$ um Stückschlacken.

Alle die hier angeführten Schlacken werden im granulierten Zustande entweder zur Zementfabrikation benutzt, oder lassen sich zu derselben benutzen.

I. Stückschlacken.

Diese Schlacken sind in der Tabelle nach steigendem K oder, was das nämliche ist, nach abnehmender Höhe des relativen Tonerdegehaltes geordnet. Nr. I und II — also die tonerdereichsten — zeigen im Dünnschliffe ein starkes Vorherrschen einer trüben, glasigen, nicht individualisierten Mutterlauge, durchsetzt von fächerartig angeordneten Nadeln, eines doppelbrechenden Minerales. (Siehe Fig. 1.)

Die optischen Eigenschaften des Minerales, das sich nicht genau bestimmen läßt, deuten darauf hin, daß es zur Klasse der rhombischen Pyroxene gehört; dagegen ist es keinenfalls Olivin, wie ja auch schon aus dem Verhältnis MCaO : MMgO = 0,75 : 0,25 bei I und = 0,87 : 0,13 bei II mit Sicherheit hervorgeht. Ist somit über den krystallisierten Bestandteil mit ziemlicher Bestimmtheit nur auszusagen, daß ihm ein geringerer Kalkgehalt als dem

Orthosilikat zukommt, so muß die Mutterlauge einen gewissen leicht abspaltbaren Kalküberschuß haben, denn die Schlacken Nr. I und II geben, wie übrigens alle nichtgranulierten Schlacken nach dem Passowschen Verfahren im CO_2-Strom untersucht, Temperaturerhöhung auf ca. 60—80° C. Eine Abstufung der Temperaturerhöhung nach dem Wachsen von K glaube ich bemerkt zu haben. Indessen ist die Probe nur eine qualitative

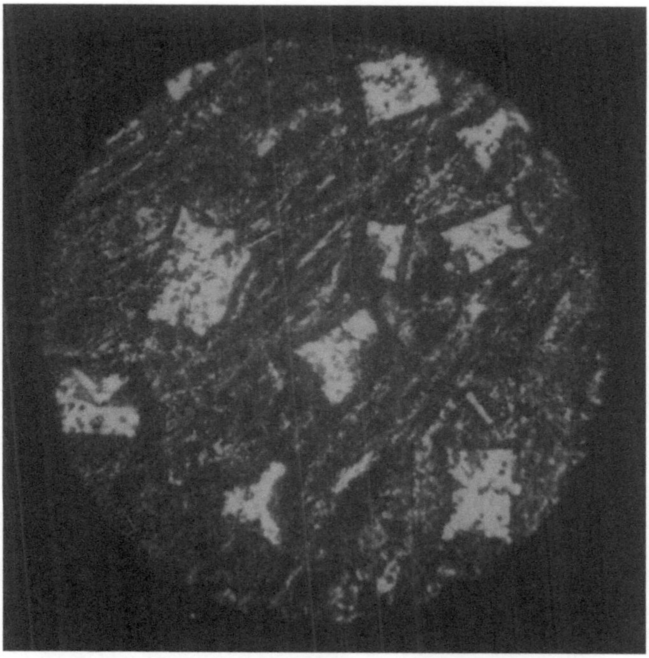

Fig. 1.

und die Höhe der erreichten Temperatur hängt außer von der Alkalinität auch noch von der feinen Mahlung, der Stärke des Stromes usw. ab, so daß solche kaum zu regelnden Einflüsse leicht die sicher vorhandene Gesetzmäßigkeit verdecken können. Zu bemerken ist, daß in I nicht ganz spärlich auch schon ein Mineral vorkommt, das in den Schlacken mit höherem K immer vorherrschender wird, es ist dies der Melilit. Da der Melilit gegen die oben erwähnten Nadeln mit idimorphen Konturen abschneidet, dürfte er sich früher ausgeschieden haben, als jene (s. Fig. 1). Es scheint, als ob der verhältnismäßig hohe MgO-Gehalt in I die Bildung des Melilits begünstigt habe, da dieses Mineral in II nicht nachzuweisen ist.

III und IV (Fig. 2 *a* und *b*, und 3) zeigen mit Zunahme von *K* auch ein starkes Anwachsen des Melilitgehaltes, immerhin sind aber auch in IV die Nadeln noch ziemlich reichlich vorhanden.

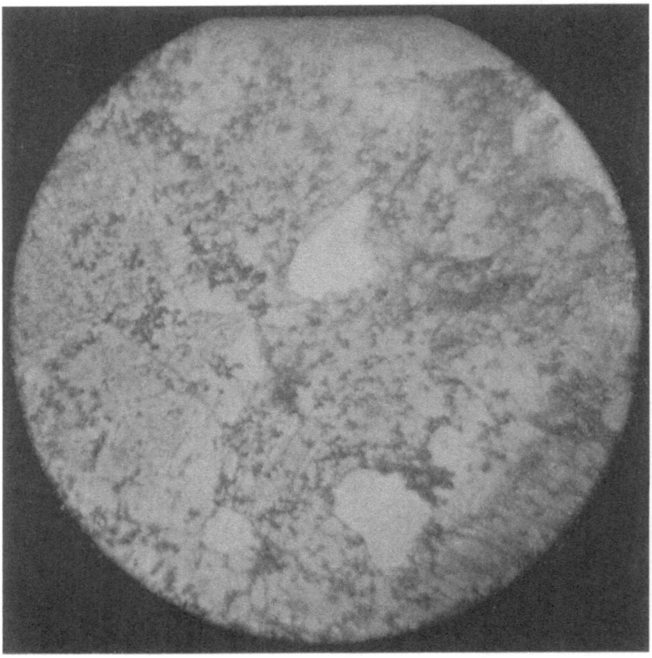

Fig. 2 *a* im gew. Licht.

Im übrigen sind die Handstücke der Passowschen Sammlung von I—IV keineswegs besonders gut ausgebildete Drusen, sondern Durchschnittsstücke, die, ohne besonders geschützt zu sein, erkalteten.

Besonders gute Exemplare sind die Proben von Nr. 5. Die Kristallisation ist in diesen Handstücken durch verschiedene Umstände in so hohem Grade begünstigt worden, daß sie wahre Musterbeispiele für das Studium des Melilits darstellen.

Schon bei oberflächlicher Betrachtung lassen sich die Handstücke in drei Gruppen einteilen. Die erste (Fig. 4) zeigt klare Kristallwürfel von ca. 1 mm Kantenlänge, frei ausgebildet, durch eine verhältnismäßig geringe Menge von schwärzlichgrauem Gestein verkittet. Die zweite Gruppe (Fig. 5) zeigt die nämlichen Verhältnisse, nur daß die Kristalle nicht mehr klar, sondern un-

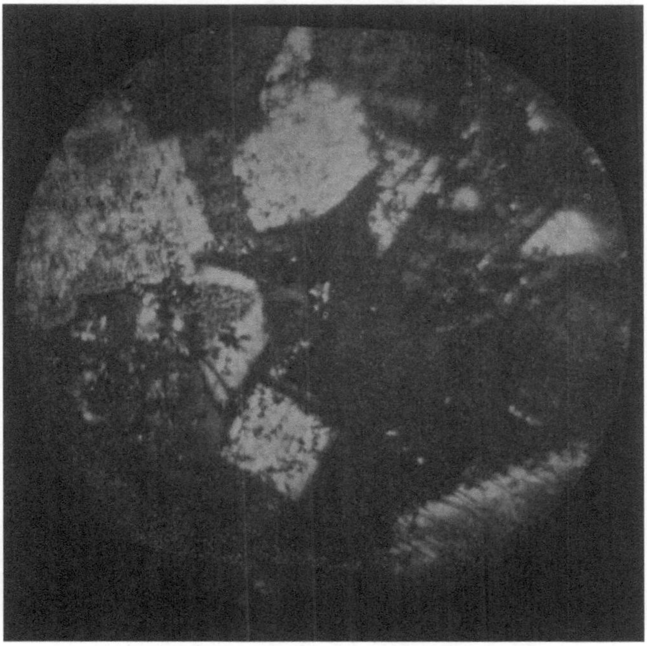

Fig. 2*b* im pol. Licht.

durchsichtig weiß sind. Die dritte Gruppe zeigt ziemlich große, weiße undurchsichtige Kristalle von 2—3 mm Kantenlänge, vollständig eingebettet in schwärzlichgraues Gestein. Diese letzteren Stücke ähneln in jeder Hinsicht den berühmten Melilitbasalten von Cape di Rove bei Rom, nur daß die Schlacken noch größer und schöner ausgebildete Kristalle zeigen. Bevor ich zur Darstellung der mikroskopischen Eigenschaften dieser Schlacke übergehe, verweise ich auf die Darstellung in dem bekannten Werke von Rosenbusch, sowie auf die ausführlichen Auseinandersetzungen von Vogt in seinen beiden Arbeiten „über die Mineralbildung in Silikatschmelzlösungen. Nach dem letztgenannten Forscher bilden die Melilite eine ununterbrochene isomorphe Mischungsreihe von dem optisch positiven Akermanit (tonerde-

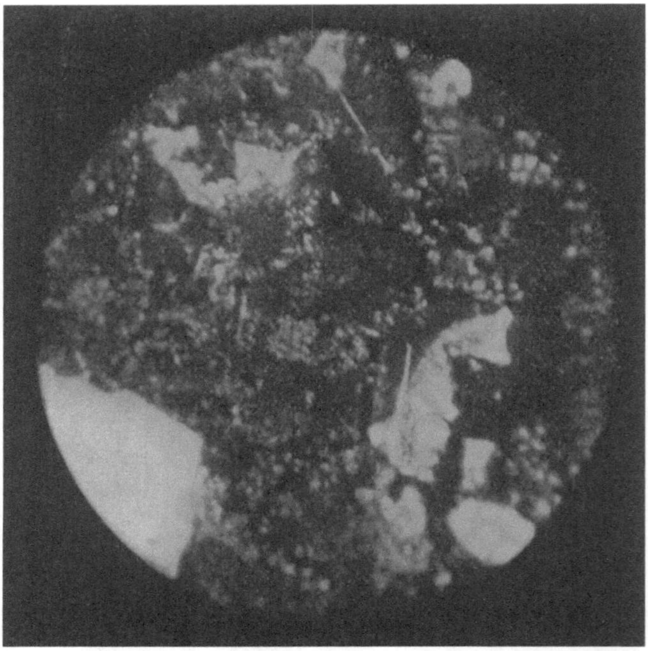

Fig. 3.

freies tetragonales Kalksilikat $(CaMg)_4Si_3O_{10}$ durch positive isotrope, negative Zwischenstufen zum optischen negativen Gehlenit $(CaMg)_3Al_2Si_2O_{10}$. Die nichtgranulierten hochbasischen Schlacken von der chemischen Zusammensetzung, wie sie zur Zementfabrikation verwendet werden, enthalten die optisch positive Modifikation.

Die Stücke der ersten Art (Fig. 4) zeigen im Dünnschliff

wasserhelle, große Rechtecke, getrennt voneinander durch undurchsichtige oder durchscheinende nicht individualisierte Grundmasse. Die Rechtecke zeigen parallel den kürzeren Seiten nicht sehr gerade verlaufende Sprünge, die vielleicht als eine unvollkommene Spaltbarkeit $\#oP$ gedeutet werden können. Zwischen gekreuzten Nicols zeigen die Kristalle entsprechend der schwachen Doppelbrechung des Melilits nur schwache Interferenzfarben, graublau

Fig. 4.

bis gelb der ersten Ordnung. Die für den natürlichen Melilit so charakteristisch himmelblaue Interferenzfarbe konnte ich bei diesen Schliffen nicht bemerken, wohl aber bei einer anderen, hier nicht aufgeführten ähnlichen Schlacke. Die rechteckigen Schnitte zeigen bei der Drehung um 360° viermal den Wechsel zwischen hell und dunkel, einige nahezu quadratische bleiben bei einer ganzen Drehung ohne jede Aufhellung, indessen läßt sich wegen der schwachen Doppelbrechung das einachsige Interferenzbild bei der geringen Dicke nicht erkennen. Die Auslöschungsrichtungen laufen parallel den Kanten. An Flächen beobachtete ich makroskopisch und im Schliff nur oP, $\infty P \infty$. Einige Schliffe, wie Fig. 7 gestaltet, was als ∞P oder eine tetragonale Pyramide zu deuten wäre, waren so unvollkommen ausgebildet, daß ich mich scheue, sie bestimmt als solche anzusprechen.

Fig. 5.

Die undurchsichtigen Kristalle der zweiten Art unterscheiden sich von denen der dritten nur durch die Größe und die Art der Einbettung, in welcher Hinsicht sie mit denen der ersten Art übereinstimmen.

Dünnschliffe der letzten Art Fig. 5 und 6 zeigen die großen Rechtecke des Melilits, die in Interferenzfarben, Auslöschungsrichtungen und Begrenzung sich wie 1. verhalten, erfüllt von einer eigentümlichen Struktur, die man nach Rosenbusch als Pflockstruktur zu bezeichnen pflegt. Senkrecht zu den vier Seiten der Rechtecke ist ein System von Schläuchen, Spalten und Löchern

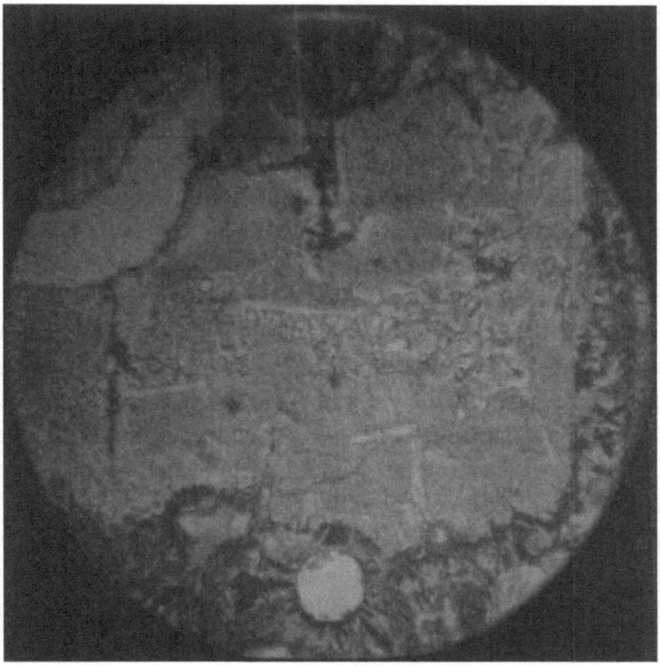

Fig. 6.

angeordnet, die die Schnitte mit einer eigentümlichen Zeichnung bedecken. Während aber in den natürlichen Meliliten diese

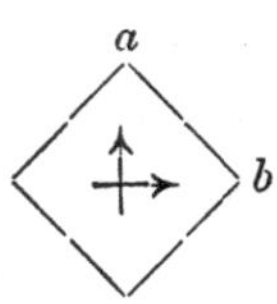

Fig. 7. *a*, *b* = Auslöschungsrichtung.

Spalten mit Luft in den von Vogt beobachteten Schlacken mit CaS oder undurchsichtiger nicht individualisierter Mutterlauge angefüllt sind, zeigt es sich hier, daß sich ein doppeltbrechendes, anders als das Hauptmineral auslöschendes Produkt vorfindet. Nach den optischen Eigenschaften scheint es rhombisch zu sein. Olivin ist es nicht. Vielleicht ist es das nämliche Material, das in 1—4 vorkommt.

Möglich, daß eine differenzielle Behandlung mit Lösungsmitteln über die Struktur dieses Körpers Aufschluß gibt. Ich behalte mir eine dahin gehende Untersuchung vor. Die die Kristalle verbindende Zwischenmasse ist erfüllt mit undurchsichtigen metallisch glänzenden federartigen Kristallskeletten, die bei genauem Hinsehen sich als aus Oktaedern aufgebaut erkennen lassen; es handelt sich dabei also um Magnetit. Es ist merkwürdig, daß der sehr geringe Fe-Gehalt der Schlacke sich in dieser Form ausgeschieden hat. Eine Zusammenfassung dieses Studiums der Stückschlacken zeigt, daß sich dieselben im wesentlichen aus einem Mineral der Pyroxen oder Melilitgruppen mit geringerem Kalkgehalt als das Orthosilikat und einer hochkalkigen leicht Kalk abspaltenden, nicht individualisierten Mutterlauge. Das Kalkorthosilikat macht keinen Teil der Stückschlacken aus. Wohl kommen Orthosilikate in den Stückschlacken vor. Wie Vogt gezeigt hat, ist der Olivin ein sehr häufiges Gemengteil der Stückschlacken, aber der magnesiareichen mit einem Verhältnis von MCaO : MMgO — 0,5 : 0,5 und darunter. Diese Schlacken aber sind bisher in der Zementfabrikation noch nicht verwendet worden. Auch handelt es sich bei dem Olivin nicht um das Kalkorthosilikat, sondern um das Magnesiaorthosilikat.

II. Hüttenmehle.

Unter dem Mikroskop erweisen sich die Hüttenmehle als in der Hauptsache bestehend aus Trümmerstücken eines stark lichtbrechenden Minerals. Dieses ist stark doppelbrechend von rhombischem Charakter, zeigt keine regelmäßige Umgrenzung und ist ausgezeichnet durch eine kräftige Streifung parallel der einen Auslöschungsrichtung und der Richtung der kleinsten optischen Elastizität. Sehr häufig zerfällt das Mineral nach der Streifung in längliche Spaltstücke, die dann von parallelen Streifen begrenzt werden. Jedem, der Törnebohms Arbeit gelesen hat, ist es klar, daß es sich hier um den von diesem Forscher im Portlandzement entdeckten Felit handelt. Außer dem Felit bemerkt man im Hüttenmehl nur noch graubraune undurchsichtige Teilchen, die man der unindividualisierten Mutterlauge zuschreiben kann. Daß diese Mutterlauge ebenso wie die der Stückschlacken Kalk abspaltet, erkennt man wiederum bei der Prüfung nach Passow im Co_2-Strom. Fertigt man aus solchen im Co_2-Strom erhärteten Hüttenmehle Dünnschliffe an, so zeigt es sich, daß der Felit absolut nicht angegriffen worden ist. Was nun die Zusammensetzung des Felits anbetrifft, so läßt sich mit Sicherheit darüber nur das Folgende sagen: Erhitzt man Mischungen von der Zusammensetzung SiO_2 2CaO, die nach dem Plastischwerden abgekühlt Belit geben (siehe erstes Heft der „Mitteilungen“) zum Schmelzen, so tritt beim Abkühlen der Zerrieselungsprozeß ein. Es scheidet sich Felit aus unter Zurücklassung der Kalk abspaltenden Mutterlauge. Es ist demnach der Felit sicher tiefkalkiger als das Orthosilikat. Andererseits scheint er mehr Kalk zu enthalten als die Melilite. Damit sind die Grenzen, zwischen denen seine Zusammensetzung liegen muß, bezeichnet. Jedenfalls kann es nicht Kalkorthosilikat sein.

Damit ist erwiesen, daß das Kalkorthosilikat in den nichtgranulierten Schlacken als wesentlicher Bestandteil nicht vorkommt. Hiermit ist aber die Unzulänglichkeit der Zulkowskischen Theorie der Hydraulizität klar geworden. Wir müssen suchen, uns auf Grund neuer Forschungen andere Vorstellungen zu bilden.

Mein Verfahren zur Prüfung basischer Hochofenschlacken.

Von Dr. **H. Passow.**

Die Mitteilungen aus dem Königlichen Materialprüfungsamt drittes Heft 1904 enthalten unter der Überschrift „Hochofenschlacke und Portlandzement von Professor Gary“ einen Artikel, der durch die Tonindustrie-Zeitung Nr. 18, 1905 weitere Verbreitung gefunden hat.

In diesem Artikel erklärt Herr Professor Gary, daß mein Verfahren zur Begutachtung der Verwendbarkeit einer Schlacke völlig versage. Ferner behauptet er, ich triebe Geheimniskrämerei. Er fordert mich auf, den Schleier des Geheimnisses endlich zu lüften, der über der „richtigen Zubereitung“ der Hochofenschlacke liege.

Ich stehe noch inmitten umfangreicher Arbeiten, die dazu angetan scheinen, die über das Wesen der Hochofenschlacke zwischen Herrn Professor Gary und mir bestehende Meinungsverschiedenheit endgültig aufzuklären. Ich werde mich deshalb in der heutigen Zurückweisung der beiden Beschuldigungen möglichst kurz fassen und nur den wesentlichen Teil des Artikels berühren.

Die Hauptmeinungsverschiedenheit zwischen Herrn Professor Gary und mir besteht bekanntlich darin: Herr Professor Gary behauptet, wassergranulierte Hochofenschlacke werde durch das Glühen, als Bindemittel betrachtet, nicht verbessert, sondern verschlechtert; ich behaupte dagegen: es bestehe in der Eisenportlandzementindustrie ein beträchtlicher Unterschied zwischen richtigem und unrichtigem Glühen. Bei richtigem Glühen behalte die Hochofenschlacke ihre nützlichen Eigenschaften, sie bleibe glasig, durch unrichtiges werde sie dagegen entglast und als Bindemittel betrachtet, verschlechtert. Da Herr Professor Gary gefunden habe, daß seine Versuchsschlacke durch das Glühen schlechter geworden sei, so sei hieraus der naheliegende Schluß zu ziehen, daß er seine Schlacke unrichtig geglüht, also mit anderen Worten entglast habe.

Nach meinen Erfahrungen gibt es für eine, durch das Glühen entstandene Verschlechterung der Schlacke keinen anderen Grund.

Unsere Kenntnis von der Erscheinung der Entglasung glasiger Körper ist uralt. Wird Glas zu langsam abgekült oder bleibt es zu lange in einem Ofen liegen, dessen Temperatur das Glas erweicht, so wird es kristallinisch, undurchsichtig, trübe und milchig, besonders aber, wenn es viel Kalk und Tonerde und andere erdige Basen enthält. Man nennt es dann in der Technik „entglastes Glas". Da die wassergranulierte Hochofenschlacke als ein stark kalkhaltiges Glas angesprochen werden muß, so ist die Tatsache, daß sie ebenfalls unter bestimmten Bedingungen einer Entglasung unterliegt, durchaus nicht rätselhaft, sondern im Gegenteil natürlich. Ebenso natürlich aber ist es, daß die entglaste Hochofenschlacke ganz andere chemische und hydraulische Eigenschaften annimmt, als die glasige.

Das Auftreten von glasigen und entglasten Schlacken ist demnach eine naturgemäße Tatsache. Es ist mir aus Herrn Professor Garys letztem Artikel nicht klar geworden, ob er diesen Satz unterschreibt oder ob er glaubt, daß die von mir angewandten Ausdrücke glasig und entglaste Schlacken sich auf Erscheinungen beziehen, deren Existenz ich mir nur einbilde, die aber in Wahrheit nicht bestehen. Mit anderen Worten: „glaubt er, daß es glasige und entglaste Schlacken gibt?" Was mich betrifft, ich glaube es nicht nur, sondern ich weiß es und zwar auf Grund meiner Untersuchungsmethode. Und gerade diese ist es, die Herr Professor Gary angreift und als völlig versagend erklärt.

Führen zwei Personen zu gegenseitiger Kontrolle die nämlichen zementtechnischen Arbeiten aus, so gilt es allgemein als eine unerläßliche Vorbedingung, daß sie in absolut einheitlicher Art und mit striktem Innehalten der nämlichen Versuchsbedingungen arbeiten. Tun sie es nicht, so werden sie zu abweichenden Ergebnissen gelangen. Aus diesem Grunde empfehlen bekanntlich die Normen für einheitliche Lieferung und Prüfung von Portlandzement den Ersatz der Handarbeit durch die gleichmäßiger wirkende Maschinenarbeit; sie verlangen die allgemeine Benutzung von Normalsand, bestimmen genau die Menge des Wasserzusatzes für die Probekörper und geben auch in allen sonstigen Beziehungen feste Regeln zur einheitlichen Richtschnur an.

Wer mit der Zementtechnik nicht vertraut ist, wird annehmen, daß die genaue Befolgung aller Prüfungsvorschriften bei einer in verschiedenen Laboratorien vorgenommenen Prüfung des nämlichen Zementes jedesmal zu den nämlichen Ergebnissen führt. Jeder Sachverständige aber weiß, daß selbst bei der größten Gleichartigkeit der Arbeitsweise die gewonnenen Resultate zwar im allgemeinen zur Prüfung von Handelswaren genügen, daß sie aber dennoch größere oder kleinere Abweichungen voneinander zeigen, die durch die verschiedene Beschaffenheit des Wassers, der klimatischen Verhältnisse usw. hervorgerufen sind. Es wird ihm daher nicht einfallen, aus der Verschiedenheit der Prüfungsergebnisse den Schluß zu ziehen, daß in einem oder mehreren der in ihren Ergebnissen voneinander abweichenden Laboratorien unzuverlässig gearbeitet sei.

Herr Professor Gary hätte infolgedessen unbedingt bei der Nachprüfung meiner Arbeit mein Prüfungsverfahren adoptieren müssen. Er hat dies nicht getan, und folglich ist er zu anderen Resultaten gelangt wie ich. Dies ist naturgemäß.

Schon beim Glühprozeß der Schlacken ist er von meinem Wege abgewichen, und daher ist der mikroskopische Befund seiner geglühten Schlacke mit dem meinigen nicht übereinstimmend. Herr Professor Gary glüht nach einem bestimmten Schema seine Schlacken alle in gleicher Weise und untersucht dann mit dem Mikroskop, ob sie glasig aussehen oder undurchsichtig geworden sind. Ich dagegen glühe, will ich entglaste Schlacken erzielen, jede meiner verschiedenen Schlacken zwischen bestimmten Temperaturgrenzen so lange, bis ich sie für entglast halte. Ich nehme sie dann aus dem Ofen heraus und untersuche sie mikroskopisch. Sehe ich, daß bei der einen oder anderen die

Entglasung noch gar nicht oder doch noch nicht vollständig eingetreten ist, so setze ich sie wieder in den Ofen. Ich glühe sie so lange, bis mein Mikroskop mir sagt „sie sind entglast“.

Ferner glüht Herr Professor Gary in einem elektrischen Muffelofen. Ich glühe meine Schlacken entweder in einem kleinen Versuchsrotierer, der durch eine leicht zu regelnde Petroleumfeuerung bis auf ca. 1000° C. gebracht werden kann, oder in Graphittiegeln, die ich in einen mit Koaks beschickten Schachtofen setze. Den Rotiererofen habe ich gewählt, weil in ihm der in der Praxis allgemein übliche Glühprozeß am besten nachgeahmt werden kann.

Es ist nun für das frühere oder spätere Eintreten der Entglasung der Schlacken durch das Glühen durchaus nicht gleichgültig, ob ich den Rotierer oder den Schachtofen benutze. Die Resultate sind verschieden. Noch anders sind die Ergebnisse, wenn ich den Rotierer stillstelle und die betreffende Schlacke in einer Platinschale in die Glühzone einführe. Ferner ist es von Belang, ob ich die Schlacken gemahlen oder ungemahlen, feucht oder getrocknet einer hohen Temperatur aussetze. Auch ist es ein Unterschied, ob eine große oder kleine Menge von Schlacken, ob mit oxydierender oder reduzierender Flamme geglüht wird. Und schließlich spielt auch die Art der Abkühlung eine wichtige Rolle bei dem Entglasungsprozeß.

Da ich nun in meinen verschiedenen Öfen und bei verschiedener Behandlungsweise der Schlacken einen verschiedenen Verlauf des Entglasungsprozesses beobachtete, so ist es erklärlich, daß Herr Professor Gary in seinem Muffelofen Ergebnisse erhalten hat, die von den meinigen abweichen.

Bei dieser Gelegenheit möchte ich betonen, daß ich es bei jedem wissenschaftlichen Streit für eine unumstößliche Vorbedingung halte, daß jeder der beiden Kombattanten die Genauigkeit und Gewissenhaftigkeit, ich möchte fast sagen, die Ehrlichkeit der Arbeit seines Gegners nicht im mindesten anzweifelt. Ich bestrebe mich es nie zu tun, und ich hoffe, Herr Professor Gary läßt auch mir diese Gerechtigkeit widerfahren, obgleich dies aus seinem Artikel nicht klar hervorgeht.

Dagegen kann aber natürlich die Anwendbarkeit, Zweckmäßigkeit und Zuverlässigkeit der Arbeitsmethode des Gegners bestritten werden.

Aus diesem Grunde ist es zur Klärung der Sachlage nicht nur von hohem Wert, sondern unerläßlich, daß der Nachprüfende sich der Mühe unterzieht, die Methode seines Gegners genau kennen zu lernen.

Um Herrn Professor Gary Gelegenheit zu geben, sich über meine Prüfungsmethode der glasigen und entglasten Schlacke zu informieren, teilte ich unmittelbar nach der Entstehung der Streitfrage den Herren des Materialprüfungsamtes mit, daß ich stets bereit sei, einem oder mehreren von ihnen meine Prüfungsmethode in meiner Versuchsstation zu zeigen, damit sie diese aus eigener Anschauung beurteilen könnten. Die Annahme dieser Aufforderung würde zur allseitigen Klärung der Sachlage ungemein viel beigetragen haben.

Offener und entgegenkommender konnte ich nicht handeln. Um so befremdender ist es, daß Herr Professor Gary mir trotz alledem eine Geheimniskrämerei vorwirft und mich auffordert, den Schleier zu lüften, der auf der „richtigen“ Zubereitung der Schlacke liege.

Es liegt kein Schleier auf der richtigen Zubereitung der Hochofenschlacke weder in der Praxis noch in meinem Laboratorium.

Das Rezept, das die Eisenportlandzementwerke zur richtigen Bereitung ihrer Hochofenschlacken benutzen, beruht im großen ganzen auf folgenden einfachen Grundsätzen:

1. niemals ungare Schlacken zu verwenden;

2. auf empirischem Wege die Erzielung einer hochbasischen, eine gute Zementqualität verbürgenden Schlacke auszuprobieren;

3. die Schlacken in möglichst kaltem Wasser zu granulieren;

4. auf empirischem Wege diejenige Höhe der Glühtemperatur zu ermitteln, die heiß genug ist, die Schlacke möglichst mürbe und leicht mahlbar zu machen und dabei doch nicht so hoch ist, daß sie dieselbe für die Zwecke der Eisenportlandzement-Fabrikation verdirbt.

Die Theorie darf bei dieser praktischen Erfahrung nicht stehen bleiben. Sie hat nach den Gründen der verschiedenen

Erscheinungen zu forschen, weil diese Gründe später der Praxis nützlich werden. Im Anfang pflegt sich jede aufstrebende Industrie mit dem „Können“ zu begnügen. Dem „Können“ aber muß im Laufe der Zeit zur Sicherung einer gedeihlichen Fortentwickelung „das Wissen“ folgen.

Die Praxis sagt: „So ist es, so habe ich es ausprobiert.“ Die Theorie fragt: „Warum ist es so?“, also in diesem Falle: „Warum muß in kaltem Wasser granuliert werden? Warum ist jede Erhitzung des Granulationswassers zu vermeiden? Warum muß jede Fabrik bemüht sein, eine für ihr Verfahren zweckmäßige Temperaturgrenze ausfindig zu machen?“

Der Versuch, diese Fragen zu beantworten, führte mich zu der Theorie der glasigen und entglasten Schlacken, über die ich im ersten Heft meiner Mitteilungen eingehend gesprochen habe, ohne jedoch, wie es scheint, von Herrn Professor Gary richtig verstanden zu sein. Er hat in meiner Theorie Widersprüche gefunden, wo keine vorhanden sind.

Wer die auf Seite 124 und 125[1] aus ihrem Zusammenhange gerissenen Zitate aus dem ersten Heft meiner Mitteilungen mit dem Original vergleicht, wird erkennen, daß diese Sätze völlig in meine Theorie hineinpassen und durchaus nicht unlogisch sind.

Es ist sehr leicht, wie Herr Professor Gary es getan hat, aus einem Artikel eine Anzahl von Sätzen, die im Rahmen des sie umgebenden Textes sich einander nicht widersprechen, aus ihrem Zusammenhange zu reißen, und sie so zusammenzustellen, daß sie als schroffe Widersprüche erscheinen. So würden z. B. aus Professor Garys Artikel die beiden folgenden Sätze aus ihrem Texte gerissen in einem entschiedenen Widerspruch zueinander zu stehen scheinen, während der Verfasser doch wohl jedenfalls durch logische Schlußfolgerungen zu seinen Äußerungen gelangt ist.

Seite 124 sagt er: „Durch das Glühen werden die Eigenschaften der untersuchten Schlacken, als Bindemittel betrachtet, nicht verbessert, sondern verschlechtert.“

[1] Mitteilungen aus dem Köngl. Materialprüfungsamt zu Groß-Lichterfelde-West. Drittes Heft. 1904.

Seite 131 sagt er dagegen: „Die Passowschen Einwände, daß ich meine Schlacken durch Glühen völlig entglast und unbrauchbar gemacht hätte, haben sich als unbegründet erwiesen.“

Sätze ähnlicher Art, die, aus ihrem Zusammenhang gerissen, nicht miteinander im Einklang zu stehen scheinen, könnte ich in großer Zahl anführen. Ich verzichte aber auf eine solche Art der Kriegführung.

Um nun aber vollends zu zeigen, daß ich aus der richtigen Zubereitung der Hochofenschlacke für Laboratoriumszwecke ebensowenig ein Geheimnis mache, wie aus der Praxis, will ich in kurzen Zügen schildern, auf welche Weise ich feststelle, ob eine Schlacke glasig oder entglast ist. Doch bin ich mir bei der Schilderung meiner Prüfungsmethode sehr wohl bewußt, daß eine derartige schriftliche Darstellung weit hinter der praktischen Vorführung der Methode im Laboratorium zurücksteht. Viele kleine Handgriffe und anscheinend unbedeutende Vorsichtsmaßregeln, die man bei der Ausführung einer genau einstudierten Methode fast instinktiv und ohne sich dessen in allen Fällen ganz klar bewußt zu sein, ausübt und die dennoch nicht ohne Einfluß auf das Endergebnis der Untersuchung sind, bleiben bei schriftlichen Mitteilungen leicht unerwähnt.

Die wassergranulierten Versuchsschlacken trockne ich bei ca. 300° C. Ich mahle sie auf meiner kleinen Laboratoriumskugelmühle so fein, daß ein Rest von ca. 7—8 % auf dem 5000 Maschensieb zurückbleibt.

Herr Professor Gary meint, diese Art der Feinheit komme in der Praxis nicht vor. Ich ginge also in dieser Beziehung von der im Großbetrieb üblichen Mahlfeinheit ab und verfiele demnach in den Fehler, den ich ihm vorgeworfen habe — den Fehler des Abweichens von der Praxis. Darauf erwidere ich, daß in einigen mir bekannten Fabriken auf obige Mahlfeinheit stets gehalten wird.

Die gemahlenen Schlacken werden mikroskopisch untersucht, die Pulverpräparate nach der allgemein üblichen Weise durch Einbetten in Kanadabalsam hergestellt.

Die mir von den Eisenportlandzementwerken gesandten

Schlacken haben sich, bis jetzt – mit Ausnahme eines einzigen Falles — bei der mikroskopischen Untersuchung als technisch reinglasig erwiesen, d. h. die mikroskopischen Präparate zeigten kleine glasige Körnchen, die völlig durchsichtig waren und einen scharfkantigen muscheligen Bruch hatten. Nur ganz selten ist es vorgekommen, daß zwischen den Glaskörnchen einzelne waren, die bei gekreuzten Nicols sehr geringe polarisierende Abscheischeidungen zeigten.

Meine Untersuchungen nach der Ursache dieser Erscheinung ergaben, daß diese einzutreten pflegt, wenn sich das Wasser im Verlauf der Granulation erhitzt hatte. Dies ist auch erklärlich, denn die Hochofenschlacke ist eine feuerflüssige Lösung. Wird diese urplötzlich abgekühlt, so kann keine Kristallisation eintreten. Wird das Wasser aber zu heiß, so wird eine derartige Veränderung leicht möglich. Bei dieser Gelegenheit möchte ich auch die Beobachtung hinzufügen, daß dieser Kristallisationsvorgang nicht nur beim Glühen vorkommt, sondern auch durch längeres Lagern an der Luft. Die Schlacke zersetzt sich dann teilweise und an einzelnen Schlackengläsern scheiden sich an der Oberfläche und an den Rändern polarisierende Kalkverbindung aus.

Ich betone ausdrücklich, daß die Eisenportlandzementschlacken als technisch reinglasig und nicht chemisch reinglasig zu bezeichnen sind. Sie enthalten selbstverständlich jene minimalen Verunreinigungen von Kohlenstückchen, Hüttenmehl und Stückschlacke, die selbst bei dem sorgfältigsten Granulationsprozeß im Großbetriebe genau wie bei der Fabrikation des gewöhnlichen Portlandzementes nun einmal unvermeidlich sind. Diese kleinen, gleichsam als normal vorkommend zu bezeichnenden Verunreinigungen sind viel zu geringfügig, um in der Praxis die Wirkungsweise der glasigen Schlacken zu beeinflussen. Unter dem Mikroskop aber machen sie sich natürlich bemerkbar.

Will man chemisch reinglasige Schlacken herstellen, so läßt man am zweckmäßigsten die glühenden Schlacken in eisgekühltes Wasser fließen und trocknet sie in angegebener Weise.

Zur Entglasung glasiger Schlacken glühe ich diese, wie ich bereits mitteilte, in hoher Temperatur und bei langsamer Abkühlung so lange, bis ich ein Präparat gewonnen habe, das unter dem Mikroskop statt der ehedem glasigen Teilchen nur noch Schlackenteilchen zeigt, die völlig milchig und undurchsichtig geworden sind und an den Rändern keinen Muschelbruch mehr zeigen.

Übrigens pflegt sich meistens auch schon der Eintritt der Entglasung der Schlacken dem unbewaffneten Auge durch eine Veränderung des Farbentones bemerkbar zu machen.

Der mikroskopischen Untersuchung schließt sich die Untersuchung im Kohlensäurestrom an. Auch hier macht sich ein bedeutender Unterschied in dem Prüfungsverfahren von Herrn

Professor Gary und mir bemerkbar. Ich benutze bei meinen Prüfungen stets eine kleine Presse, die ich eigens zu diesem Zwecke konstruiert habe. Ich habe sie Herrn Professor Gary zur Benutzung bei seiner Nachprüfung vergebens empfohlen. Mit ihrer Hilfe hätte er die nämlichen Resultate erzielt wie ich.

Der Zweck meiner Presse ist die Herstellung von Probekörpern, die eine ganz gleichmäßige Dichte und die nämliche Größe haben. Die Presse ist sehr einfach (siehe Figur). Sie besteht aus einer kreisrunden, eisernen, unten mit einem abschiebbaren Eisenboden versehenen Form, an der sich ein Bügel befindet, durch den eine Druckschraube geht. In die runde Form *A* paßt genau der Stempel *B*, der mit Millimeterringen versehen ist und von einem herausschraubbaren Eisenstift durchbohrt wird. Bei Anfertigung der Probekörper füllt man das betreffende Material in die Form, setzt den Stempel auf und treibt ihn mit der Druckschraube so tief in die Form ein, bis das darin befindliche Material zur gewünschten Dichte zusammengepreßt ist. Die Bügelschraube wird gelockert, der Stempelstift in die Höhe geschraubt und der Preßkörper durch den abgeschraubten Boden vermittelst der Bügelschraube herausgetrieben. Man erhält auf diese Weise Prüfungskörper, die in der Mitte ein Loch zur Thermometeraufnahme haben, und hat es in der Hand, die Körper beliebig dicht zu pressen. Bei meinen Untersuchungen sorge ich stets für gleiche Dichte, für Gleichmäßigkeit der Temperatur des Schlackenpulvers, des Anmachewassers und der Luft.

Das in die Presse einzufüllende Material besteht aus 60 g gemahlener Schlacke, die mit 5 ccm Wasser innig gemischt sind. Die zylindrischen Preßkörper haben eine Höhe von 2,7 bis 3 cm. Die Probekörper werden unmittelbar nach dem Pressen aus der Form genommen und nicht längere Zeit unter Druck gelassen. Sie werden sodann unter Glasglocken der Einwirkung des Kohlensäurestroms ausgesetzt. Im Mittelloch jedes Körpers steckt ein Thermometer.

Herr Professor Gary hat seine Nachprüfungen in ganz anderer Weise gemacht. Er hat 8—23,6 % Wasserzusatz genommen und die Kohlensäure auf die Schlacken, deren Pressungsart nicht angegeben ist, oft stundenlang einwirken lassen, bis die höchste Temperatur erreicht war. Bei meinem Verfahren tritt, falls die Schlacke reagiert, die Temperaturerhöhung in wenigen Minuten ein. Die höchste Temperatur wird in allen Fällen spätestens in 10—15 Minuten erreicht. Tritt, was manchmal der Fall ist, vielleicht schon vor der Einwirkung der Kohlensäure eine Temperaturerhöhung ein, so bleibt der Probekörper so lange stehen, bis er vollständig auf Zimmertemperatur abgekühlt ist.

Die chemisch reinglasigen Schlacken zeigen bei der Kohlensäureprüfung keine oder eine minimale Reaktion. Sie bleiben weich und erhärten nicht.

Die technisch reinglasigen Schlacken sind nicht immer ganz

so reaktionslos. Sie zeigen manchmal eine geringe Temperaturerhöhung.

Die entglasten Schlacken dagegen zeigen eine außerordentlich starke Reaktion. Diese tritt gewöhnlich sofort ein. Die entglasten Schlacken erhärten schnell und intensiv. Die Festigkeit ihrer Probekörper läuft parallel mit der Temperaturerhöhung, die stets von Wasserabscheidung begleitet ist. Die Anfangstemperatur ist nach meiner Erfahrung belanglos. Bei der Prüfung ist hauptsächlich die Schnelligkeit des Eintrittes der Reaktion und die Stärke der Wasserabscheidung zu beachten.

Aus dem allen ersieht man, daß man aus den mikroskopischen Untersuchungen deutlich erkennen kann, daß man die wassergranulierten Schlacken in glasige und entglaste einteilen kann. Die Kohlensäureprüfung bestätigt dies Ergebnis, denn sie liefert bei den entglasten Schlacken durch eine Temperaturerhöhung der Probekörper den Nachweis, daß sich aus der glasigen Hochofenschlacke reaktionsfähige Kalkverbindungen ausgeschieden haben, und daß infolgedessen eine bemerkenswerte Veränderung mit ihr vorgegangen ist.

Selbstverständlich muß bei jeder Beurteilung von Schlacken stets eine volle quantitative Analyse erfolgen.

Zum Schluß bemerke ich, daß ich in diesem ganzen Artikel absichtlich die entglaste Schlacke als eine zur Fabrikation verschlechterte Schlacke bezeichnet habe. Dieses gilt aber nur, wie aus allem, was ich gesagt habe, ersichtlich ist, für die Eisenportlandzementfabrikation.

Außerhalb dieses Betriebes kann eine entglaste Schlacke, wie ich im ersten Heft meiner Mitteilungen auseinandersetzte, am rechten Platze verwandt, ausgezeichnete Dienste leisten.

Da sich mein Prüfungsverfahren für Schlacken bisher gut bewährt hat, so bin ich damit beschäftigt, es weiter auszubauen und es zu vervollständigen. Ich bin versichert, daß ich auf diesem Wege über das Wesen der Schlacken noch manche bis jetzt unbekannte Auskunft erhalten werde. Sobald ich diese Arbeit beendet habe, werde ich diesen Artikel durch weitere Mitteilungen ergänzen.

Druck von Metzger & Wittig in Leipzig.

Bei Fragen zur Produktsicherheit wenden Sie sich bitte an:
If you have any questions regarding product safety,
please contact:

Walter de Gruyter GmbH
Genthiner Straße 13
10785 Berlin
productsafety@degruyterbrill.com